En el principio creó
Dios los cielos...

la luna

The Bible Tells Me So Press

En el principio creó Dios los cielos...

la luna

Un libro para niños producido por
The Bible Tells Me So Press

Traducido del inglés.
Título original: In the Beginning God Created...The Moon
(Spanish translation)

PUBLICADO POR
THE BIBLE TELLS ME SO CORPORATION
WWW.THEBIBLETELLSMESO.COM

Primera impresión, septiembre 2025.

¿Alguna vez te has preguntado qué es esa bola grande y brillante que está ahí arriba en el cielo nocturno?

Es
la luna.

La luna no está ahí arriba por casualidad.

Dios la creó y la colocó
en el lugar adecuado,
solo para nosotros.

Así es como se ve la luna desde el espacio.

Así es como se ve la superficie de la luna.
Los agujeros grandes en la luna se llaman cráteres.

Los cráteres se forman cuando meteoritos como éste impactan la superficie de la luna.

Aunque la luna parezca
estar brillando
en el espacio,

en realidad, no emite ninguna luz propia.

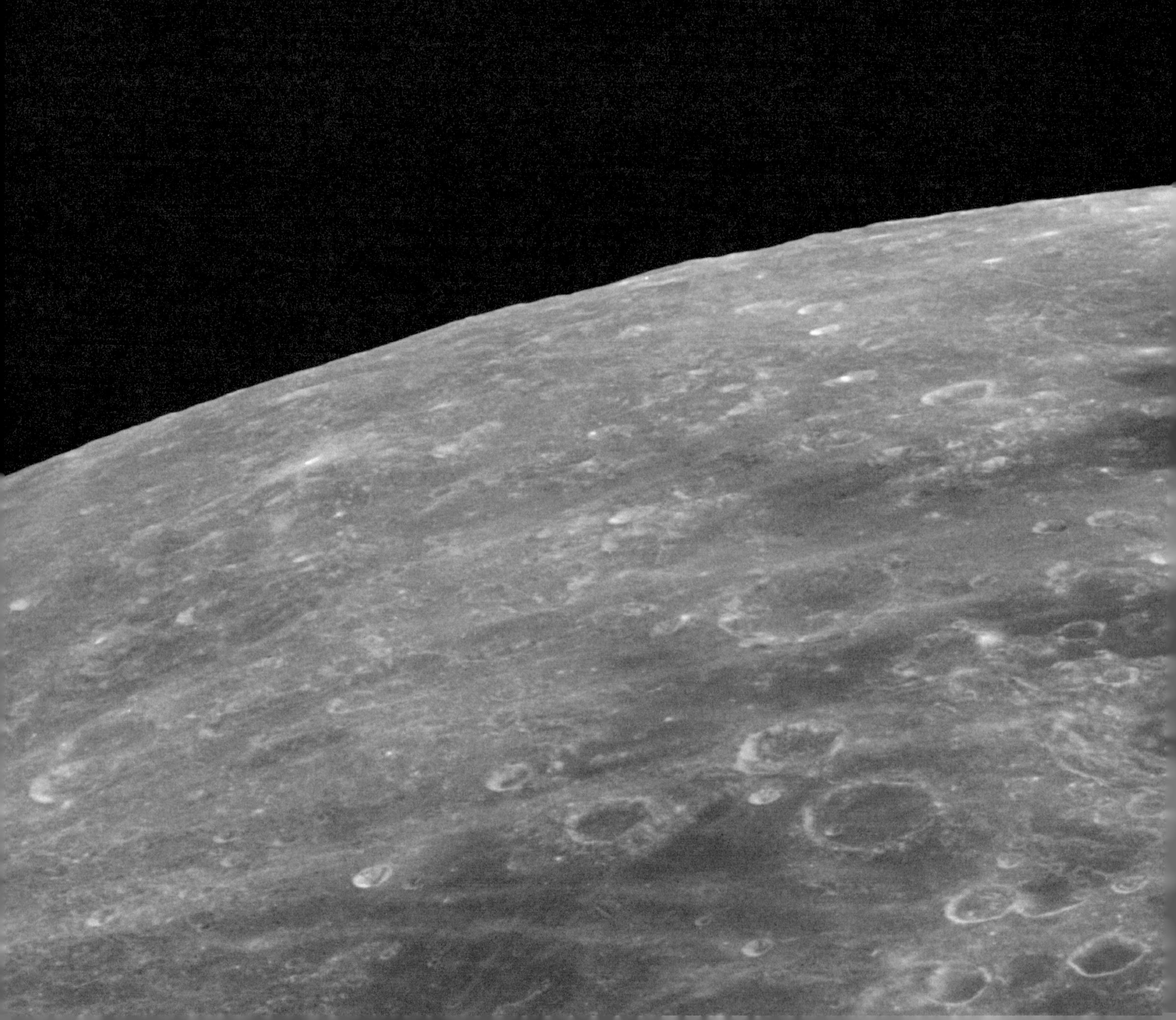

En lugar de eso,
la luna refleja
la luz que proviene
del sol.

Esto hace que la luna sea el objeto
más brillante que podemos ver
en el cielo nocturno.

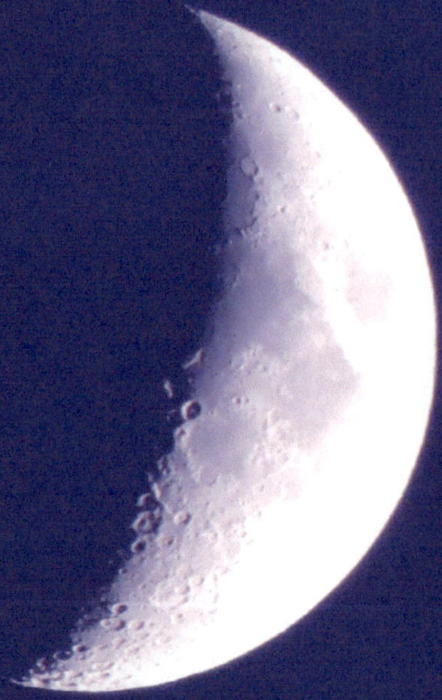

A menudo, una parte de la luna parece
como si hubiera desaparecido.

Esa parte
de la luna todavía está ahí.
Simplemente no podemos
verla porque la luz del sol
no la está iluminando.

La parte de la luna
que mira hacia el sol
es brillante, mientras
que la parte de la luna
que se esconde del sol es oscura.
Sólo podemos ver la parte que está iluminada por el sol.

Al igual que la tierra,
la luna siempre está en movimiento.

Pero mientras la tierra
se mueve alrededor del sol,
la luna se mueve
alrededor de la tierra.

Dios creó la luna de una manera especial y hermosa.

Por eso nos encanta
mirar hacia arriba para ver
esa bola grande, brillante
y hermosa en el cielo:

la luna,

la cual Dios creó para nosotros.

¡Gracias, Señor!

Tuyo es el día,
Tuya también la noche;
preparaste la luna
y el sol.

Salmos 74:16

Para más libros, vídeos,
canciones y manualidades,
visítenos en línea en:
LaBibliadiceasi.com

La Biblia dice así .com™

¡Crecemos basados en la Biblia!

Made in the USA
Monee, IL
05 November 2026

67380366R00024